LA INTELIGENCIA ARTIFIFCIAL

Impacto en el futuro del trabajo, la privacidad y la ética.

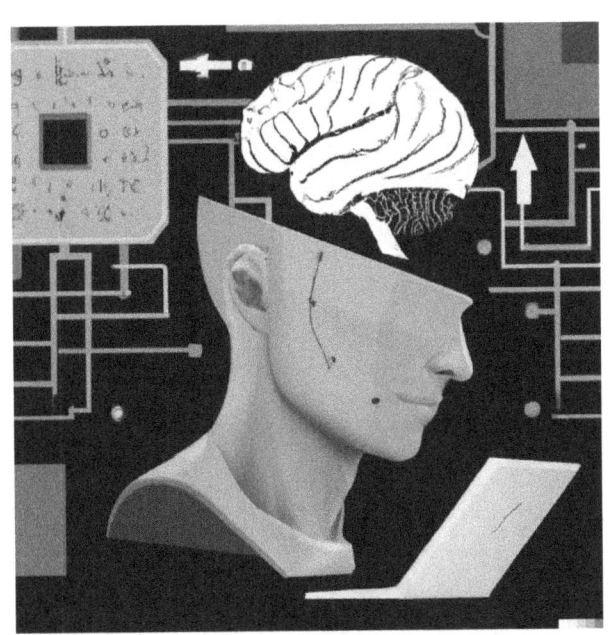

Introducción:

La inteligencia artificial es una tecnología que ha ido evolucionando de manera acelerada en las últimas décadas y está transformando rápidamente la forma en que trabajamos, interactuamos y vivimos nuestras vidas. La capacidad de la IA para automatizar tareas, analizar grandes cantidades de datos y tomar decisiones automatizadas ha llevado a importantes avances en campos como la medicina, la ciencia, la industria y la comunicación.

Sin embargo, la implementación de la IA en diferentes áreas también ha planteado cuestiones críticas que deben ser abordadas de manera responsable y ética. Es fundamental analizar el impacto de la IA en el futuro del trabajo, la privacidad y la ética, y reflexionar sobre cómo podemos maximizar sus beneficios mientras minimizamos sus posibles efectos negativos.

En este libro, exploraremos el impacto de la IA en el futuro del trabajo, la privacidad y la ética. Veremos cómo la automatización de tareas y trabajos puede afectar a los trabajadores, la economía y la sociedad en general, y cómo podemos adaptarnos a este cambio. También analizaremos cómo la recopilación y el uso de datos personales en la IA pueden afectar a la privacidad de los individuos y cómo podemos garantizar la protección de sus derechos.

En cuanto a la ética, examinaremos los desafíos que plantea la IA en términos de sesgos, discriminación y responsabilidad. Debemos tener en cuenta que la IA puede ser entrenada con datos sesgados y que su toma de decisiones puede tener un impacto en la vida de las personas. Además, debemos reflexionar sobre cómo podemos garantizar que los algoritmos y la IA en general sean éticos y responsables en su uso.

En resumen, este libro tiene como objetivo proporcionar una visión global de la IA y su impacto en el futuro del trabajo, la privacidad y la ética. A través de una reflexión crítica y una discusión profunda, esperamos fomentar un debate informado sobre cómo podemos aprovechar al máximo los beneficios de la IA y minimizar sus posibles efectos negativos.

CAPITULO 1

Introducción a la inteligencia artificial y su impacto en la sociedad

La inteligencia artificial (IA) es un campo que ha experimentado un enorme crecimiento en las últimas décadas. Se ha convertido en un tema de conversación cada vez más frecuente en la sociedad, debido a su capacidad para transformar la forma en que vivimos, trabajamos y nos relacionamos.

La IA se refiere a la capacidad de las máquinas para realizar tareas que requieren inteligencia humana, como el aprendizaje, la percepción, el razonamiento y la toma de decisiones. La IA se basa en algoritmos y modelos matemáticos que permiten que las máquinas aprendan de los datos y realicen tareas específicas sin ser programadas explícitamente para ello.

A medida que la IA se vuelve cada vez más sofisticada, sus aplicaciones se han expandido a una amplia gama de sectores, desde la atención médica hasta la fabricación, la agricultura y los servicios financieros. La IA también está teniendo un impacto en la sociedad en general, desde la forma en que se crean y consumen los medios hasta la forma en que se toman las decisiones políticas.

Sin embargo, la IA también plantea desafíos y preocupaciones. Uno de los mayores desafíos es el impacto que tendrá en el futuro del trabajo, ya que es probable que la IA automatice muchas tareas que antes requerían la intervención humana. Esto podría conducir a la eliminación de trabajos y a la necesidad de que las personas adquieran nuevas habilidades y competencias para mantenerse relevantes en el mercado laboral.

Otra preocupación es la privacidad y la seguridad, ya que la IA se basa en el procesamiento y análisis de grandes cantidades de datos. Si estos datos no se gestionan de manera adecuada, podrían ser objeto de brechas de seguridad y de vulneraciones de la privacidad.

También hay preocupaciones sobre la ética de la IA, ya que es posible que las decisiones tomadas por las máquinas sean sesgadas o discriminatorias. Es importante que la IA se utilice de manera responsable y que se tenga en cuenta la ética en el diseño y desarrollo de sistemas de IA.

CAPITULO 2

La inteligencia artificial y el futuro del trabajo

La inteligencia artificial (IA) está transformando el mundo del trabajo, automatizando tareas que antes requerían la intervención humana. Si bien esta automatización puede mejorar la eficiencia y reducir los costos, también plantea desafíos y preocupaciones en términos de empleo y capacidad de adaptación.

Es probable que la IA elimine muchos trabajos que antes requerían habilidades básicas y rutinarias, como el ensamblaje de piezas en una fábrica o el procesamiento de datos. En cambio, los trabajos que requerirán habilidades cognitivas complejas, como la resolución de problemas y la toma de decisiones, tendrán una mayor demanda.

Además, la IA también puede crear nuevos trabajos que no existían anteriormente, como el desarrollo de sistemas de IA y la gestión de datos. Estos trabajos requerirán habilidades especializadas y un alto nivel de capacitación.

Es importante destacar que la IA no es una amenaza para todos los trabajos, pero sí es probable que cambie la forma en que se realizan muchos trabajos. Por lo tanto, es esencial que los trabajadores estén dispuestos a adaptarse y a adquirir nuevas habilidades y competencias.

Para hacer frente a los desafíos que plantea la IA, es necesario que los trabajadores reciban una formación continua y tengan acceso a oportunidades de reconversión profesional. Además, los empleadores deben estar dispuestos a invertir en la capacitación de sus trabajadores y a implementar políticas que permitan la transición a nuevos trabajos.

Otro desafío que plantea la IA es la posible desigualdad en el mercado laboral. Es posible que los trabajadores menos capacitados y con habilidades menos especializadas se vean desplazados por la automatización y la IA, lo que puede conducir a una mayor brecha entre los trabajadores más y menos capacitados. Por lo tanto, es esencial que se implementen políticas que aborden estas desigualdades y promuevan la igualdad de oportunidades.

En resumen, la IA tendrá un impacto significativo en el futuro del trabajo, eliminando algunos trabajos y creando otros nuevos. Para hacer frente a estos cambios, es necesario que los trabajadores estén dispuestos a adaptarse y a adquirir nuevas habilidades, que los empleadores estén dispuestos a invertir en la capacitación de sus trabajadores y que se implementen políticas que aborden las desigualdades en el mercado laboral

CAPITULO 3

El impacto de la inteligencia artificial en la privacidad

La inteligencia artificial (IA) está transformando la forma en que recopilamos, procesamos y utilizamos datos. Si bien la IA puede mejorar la eficiencia y la toma de decisiones, también plantea desafíos y preocupaciones en términos de privacidad y protección de datos personales.

Una de las principales preocupaciones en torno a la IA y la privacidad es la recopilación y el uso de datos personales. La IA se basa en grandes cantidades de datos para entrenar y mejorar los algoritmos, lo que significa que se recopilan y almacenan grandes cantidades de información personal. Si estos datos se manejan de manera inadecuada, es posible que se produzcan violaciones de la privacidad.

Además, la IA también puede crear nuevos riesgos de privacidad al permitir la identificación y el seguimiento de individuos a través de sistemas de vigilancia, cámaras de seguridad y reconocimiento facial. Esto puede ser particularmente preocupante en el contexto de gobiernos autoritarios o regímenes que utilizan la tecnología para el control y la vigilancia.

Es esencial que se implementen políticas y regulaciones que protejan la privacidad y la seguridad de los datos en el contexto de la IA. Esto incluye la transparencia en la recopilación y el uso de datos, el consentimiento informado de los usuarios y la protección de los datos personales.

Además, es importante que los desarrolladores de IA y los usuarios finales sean conscientes de los riesgos de privacidad y tomen medidas para mitigar estos riesgos. Esto puede incluir la implementación de medidas de seguridad y la adopción de prácticas de privacidad y ética en la recopilación y el uso de datos.

En resumen, la IA plantea desafíos significativos en términos de privacidad y protección de datos personales. Es esencial que se implementen políticas y regulaciones que protejan la privacidad y la seguridad de los datos en el contexto de la IA, y que los desarrolladores de IA y los usuarios finales sean conscientes de los riesgos de privacidad y tomen medidas para mitigar estos riesgos.

CAPITULO 4

La ética y la inteligencia artificial

La inteligencia artificial (IA) plantea desafíos éticos significativos. A medida que la IA se vuelve cada vez más avanzada y omnipresente, es importante considerar cómo se deben abordar estas preocupaciones éticas.

Uno de los principales desafíos éticos en torno a la IA es la toma de decisiones. La IA puede tomar decisiones complejas en base a grandes cantidades de datos, pero estas decisiones pueden no siempre ser justas o imparciales. Por ejemplo, los algoritmos de aprendizaje automático pueden estar sesgados hacia ciertos grupos o culturas. Esto puede resultar en decisiones que discriminan a ciertas personas o perpetúan prejuicios.

Otro desafío ético en torno a la IA es la responsabilidad y la rendición de cuentas. Es importante que las personas y organizaciones que desarrollan y utilizan la IA asuman la responsabilidad por las decisiones que se toman y los resultados que se producen. Si se produce un daño como resultado de la IA, es importante que haya un proceso claro para la rendición de cuentas y la compensación.

Además, es importante considerar la privacidad y la transparencia en el desarrollo y uso de la IA. Es esencial que se respeten los derechos de privacidad de los individuos y que se proporcionen explicaciones claras de cómo se recopilan y utilizan los datos. También es importante considerar la transparencia en la toma de decisiones de la IA para garantizar que las decisiones sean justas y no discriminatorias.

Por último, es importante considerar el impacto de la IA en la sociedad en su conjunto. La IA puede tener implicaciones significativas para el empleo, la economía y la distribución de recursos. Es esencial que se aborden estos problemas de manera ética y justa.

En resumen, la IA plantea importantes desafíos éticos en términos de toma de decisiones, responsabilidad y rendición de cuentas, privacidad y transparencia, y su impacto en la sociedad. Es esencial que se aborden estos desafíos de manera ética y justa para garantizar que la IA se utilice de manera responsable y beneficiosa para la sociedad en su conjunto.

CAPITULO 5

El impacto social de la inteligencia artificial

La inteligencia artificial (IA) tiene un impacto significativo en la sociedad en general. A medida que la IA se vuelve cada vez más avanzada y omnipresente, es importante considerar cómo afecta a la economía, la política, la cultura y la sociedad en general.

En términos económicos, la IA tiene el potencial de mejorar la productividad y reducir los costos, lo que puede generar una mayor riqueza y bienestar para la sociedad. Sin embargo, también puede tener implicaciones negativas para el empleo y la distribución de recursos. La automatización de trabajos rutinarios puede eliminar puestos de trabajo y crear desigualdades económicas, lo que puede ser especialmente perjudicial para las comunidades más vulnerables.

La IA también puede tener un impacto en la política y la toma de decisiones públicas. Puede ayudar a identificar problemas sociales y proporcionar soluciones más efectivas. Sin embargo, también puede perpetuar prejuicios y aumentar la brecha entre las élites y el público. Además, la IA puede ser utilizada para la vigilancia y el control social, lo que plantea preocupaciones sobre la privacidad y la libertad individual.

En términos culturales, la IA puede tener un impacto significativo en la forma en que las personas interactúan y se relacionan entre sí. Puede mejorar la comunicación y la colaboración, pero también puede reducir el contacto humano y la empatía. Además, la IA puede ser utilizada para crear contenido cultural y artístico, lo que plantea preguntas sobre la creatividad y la originalidad.

Por último, la IA también tiene implicaciones para la ética y la moralidad. Puede plantear preguntas sobre la responsabilidad y la rendición de cuentas, así como sobre los derechos y la justicia. Es importante considerar cómo la IA puede ser utilizada de manera responsable y beneficiosa para la sociedad en su conjunto.

En resumen, la IA tiene un impacto significativo en la economía, la política, la cultura y la sociedad en general. Es importante considerar tanto los beneficios como las preocupaciones en torno a su uso y su impacto en la sociedad. Al hacerlo, podemos trabajar para maximizar los beneficios de la IA mientras minimizamos sus riesgos y desafíos.

CAPITULO 6

El futuro de la inteligencia artificial

La inteligencia artificial (IA) ha experimentado un rápido crecimiento en las últimas décadas, y su futuro promete ser aún más emocionante e impactante. A medida que la IA se vuelve cada vez más avanzada y omnipresente, es importante considerar hacia dónde se dirige y qué implicaciones tiene para la humanidad.

Una de las áreas más prometedoras de la IA es la robótica. Los robots equipados con IA están siendo desarrollados para realizar tareas complejas y peligrosas, y están siendo utilizados en una variedad de campos, desde la exploración espacial hasta la cirugía médica. Se espera que la robótica siga creciendo en importancia y en su capacidad de contribuir al bienestar humano en una amplia gama de sectores.

Otra área importante es la inteligencia artificial aplicada a la salud. Los avances en la IA permiten una mayor precisión en el diagnóstico y el tratamiento de enfermedades, así como en la prevención de enfermedades mediante la identificación de factores de riesgo y la promoción de estilos de vida saludables. Se espera que la IA siga revolucionando el campo de la salud en el futuro, mejorando la atención médica y salvando vidas.

La IA también está transformando la forma en que interactuamos con el mundo que nos rodea. La realidad aumentada y virtual están haciendo posible experiencias inmersivas y realistas, lo que tiene implicaciones para los juegos, el entretenimiento y la educación. Los chatbots y los asistentes de voz están mejorando la interacción con la tecnología y ofreciendo nuevas formas de comunicación y acceso a la información.

Sin embargo, el futuro de la IA también plantea importantes desafíos. La seguridad y la privacidad son preocupaciones clave a medida que la IA se vuelve más omnipresente. Además, la IA también plantea preguntas éticas y morales sobre la responsabilidad y la rendición de cuentas, la equidad y la justicia, y la relación entre humanos y máquinas.

En resumen, el futuro de la IA es emocionante y prometedor, con importantes avances en la robótica, la salud, la interacción con el mundo que nos rodea, y mucho más. Sin embargo, también es importante considerar los desafíos y las preguntas éticas que se presentan a medida que la IA sigue avanzando y transformando el mundo que nos rodea.

CAPITULO 7

El papel de la inteligencia artificial en la atención médica

La inteligencia artificial (IA) está transformando la atención médica, permitiendo una atención más personalizada, precisa y eficiente. Desde el diagnóstico y tratamiento de enfermedades hasta la gestión de registros médicos y la investigación médica, la IA está revolucionando la atención médica de diversas maneras.

Uno de los mayores beneficios de la IA en la atención médica es la capacidad de procesar grandes cantidades de datos en poco tiempo. La IA puede analizar grandes conjuntos de datos médicos, como imágenes de tomografías computarizadas (CT) y resonancias magnéticas (MRI), para identificar patrones y señales que pueden ser indicativos de enfermedades. La IA también puede utilizarse para analizar los datos de los pacientes, como sus historias clínicas, los resultados de las pruebas y los medicamentos recetados, para identificar patrones que puedan ayudar a los médicos a tomar decisiones informadas sobre el diagnóstico y tratamiento de enfermedades.

Otra forma en que la IA está transformando la atención médica es a través de los chatbots y los asistentes virtuales. Estos programas de IA pueden interactuar con los pacientes para proporcionar información sobre síntomas, enfermedades y tratamientos. Los chatbots y los asistentes virtuales también pueden ser utilizados para programar citas médicas, enviar recordatorios de medicamentos y responder preguntas generales sobre la atención médica.

Además, la IA también está mejorando la eficiencia de los procesos médicos, lo que permite a los médicos dedicar más tiempo a la atención de los pacientes. Por ejemplo, la IA puede utilizarse para programar y priorizar las tareas de los médicos, como la revisión de resultados de pruebas y la evaluación de los pacientes en la sala de emergencias.

Sin embargo, a medida que la IA se vuelve más omnipresente en la atención médica, también plantea preguntas importantes sobre la privacidad y la seguridad de los datos médicos de los pacientes. Es importante que los proveedores de atención médica sigan protocolos rigurosos para garantizar que los datos de los pacientes se mantengan seguros y privados.

En resumen, la IA está transformando la atención médica de muchas maneras, permitiendo una atención más personalizada, precisa y eficiente. Desde el procesamiento de grandes cantidades de datos médicos hasta la interacción con los pacientes a través de chatbots y asistentes virtuales, la IA está revolucionando la atención médica y mejorando la vida de los pacientes.

CAPITULO 8

La inteligencia artificial y la educación

La inteligencia artificial (IA) está transformando la educación, cambiando la forma en que los estudiantes aprenden y cómo los educadores enseñan. La IA está siendo utilizada para personalizar la educación, mejorar la accesibilidad y la eficiencia, y para proporcionar herramientas más avanzadas para la evaluación del aprendizaje.

Una de las formas en que la IA está transformando la educación es a través de los sistemas de tutoría inteligente. Estos sistemas pueden evaluar el nivel de conocimiento de los estudiantes y proporcionar retroalimentación personalizada en tiempo real, permitiendo a los estudiantes aprender a su propio ritmo y de acuerdo a sus propias necesidades. Los sistemas de tutoría también pueden adaptarse a las preferencias de aprendizaje de los estudiantes, como el estilo de aprendizaje y la velocidad de aprendizaje, para proporcionar una experiencia de aprendizaje más personalizada.

La IA también está siendo utilizada para mejorar la accesibilidad de la educación, permitiendo a los estudiantes con discapacidades aprender con mayor eficacia. Por ejemplo, los sistemas de reconocimiento de voz y de lenguaje natural están permitiendo a los estudiantes con discapacidades visuales o motoras interactuar con la tecnología de forma más efectiva. Los sistemas de traducción de idiomas también están permitiendo a los estudiantes de diferentes idiomas interactuar y aprender juntos.

Otro uso de la IA en la educación es la evaluación del aprendizaje. Los sistemas de evaluación de IA pueden analizar grandes cantidades de datos para identificar patrones en los resultados de los exámenes, lo que puede ayudar a los educadores a identificar las áreas de aprendizaje que necesitan más atención. Los sistemas de evaluación también pueden ser utilizados para evaluar el aprendizaje en tiempo real, permitiendo a los educadores ajustar su enseñanza para satisfacer las necesidades de los estudiantes.

Sin embargo, a medida que la IA se vuelve más omnipresente en la educación, también plantea preguntas importantes sobre la privacidad y la seguridad de los datos de los estudiantes. Es importante que las escuelas y los educadores sigan protocolos rigurosos para garantizar que los datos de los estudiantes se mantengan seguros y privados.

En resumen, la IA está transformando la educación, permitiendo una educación más personalizada, accesible y eficiente. Desde los sistemas de tutoría personalizados hasta la evaluación del aprendizaje de IA, la IA está revolucionando la educación y mejorando la experiencia de aprendizaje para los estudiantes de todo el mundo.

CAPITULO 9

La inteligencia artificial y la creatividad

A medida que la inteligencia artificial (IA) se convierte en una parte cada vez más importante de nuestras vidas, hay una pregunta importante que se plantea: ¿Puede la IA ser creativa?

Aunque tradicionalmente se ha considerado que la creatividad es un aspecto exclusivamente humano, la IA está comenzando a demostrar su capacidad para crear contenido original y sorprendente. Desde la música hasta la literatura y el arte, la IA está siendo utilizada para generar contenido creativo en una variedad de campos.

Uno de los usos más emocionantes de la IA en la creatividad es en la música. La IA puede crear música utilizando algoritmos que analizan patrones y estructuras musicales existentes para generar nuevas canciones. Estos algoritmos pueden imitar el estilo de compositores y artistas específicos, o crear música completamente nueva. Además, la IA puede analizar la música existente para identificar patrones y tendencias que pueden ayudar a los músicos y productores a crear música más popular.

La IA también está siendo utilizada en la literatura y el arte. Los algoritmos de generación de texto pueden crear prosa y poesía de forma autónoma, utilizando patrones de lenguaje y estructura sintáctica para crear obras originales. Además, la IA puede ser utilizada en la creación de arte, generando imágenes y diseños utilizando patrones visuales y colores.

Sin embargo, hay quienes cuestionan si la IA es verdaderamente capaz de ser creativa. Muchos argumentan que la creatividad es un aspecto exclusivamente humano que requiere de la experiencia emocional y cognitiva humana para poder ser producida. Además, algunos se preocupan de que la IA pueda crear contenido que sea similar a lo que ya existe, lo que podría resultar en una falta de originalidad.

A medida que la IA continúa desarrollándose, es posible que encontremos nuevas formas de utilizarla en la creatividad y descubramos formas en las que la IA y la creatividad humana pueden trabajar juntas para producir resultados aún más sorprendentes.

CAPITULO 10

La regulación de la inteligencia artificial

A medida que la inteligencia artificial (IA) continúa desarrollándose y expandiéndose en todos los aspectos de nuestras vidas, se ha vuelto cada vez más importante considerar cómo se debe regular la IA. Aunque la IA ha traído muchas ventajas en términos de eficiencia y conveniencia, también ha planteado preocupaciones importantes en cuanto a la seguridad, la privacidad y la ética.

Una de las principales preocupaciones en torno a la IA es la falta de transparencia y responsabilidad en su desarrollo y uso. Debido a la complejidad de la IA, puede ser difícil entender cómo funciona y cómo se toman las decisiones. Esto puede llevar a problemas como la discriminación y el sesgo, que pueden ser difíciles de detectar y corregir sin la regulación adecuada.

Para abordar estas preocupaciones, algunos han propuesto la creación de regulaciones gubernamentales para supervisar y controlar el desarrollo y uso de la IA. Estas regulaciones podrían abarcar aspectos como la seguridad de la IA, la privacidad de los datos, la transparencia y la responsabilidad en la toma de decisiones.

Además de las regulaciones gubernamentales, también se están desarrollando normas y estándares internacionales para guiar el desarrollo y uso de la IA. Estas normas pueden incluir aspectos como la ética, la privacidad y la seguridad de la IA, y podrían ser adoptadas por empresas y organizaciones de todo el mundo.

Sin embargo, hay quienes argumentan que una regulación excesiva podría frenar la innovación en el desarrollo de la IA y limitar su potencial para crear soluciones a los desafíos mundiales. Por lo tanto, es importante encontrar un equilibrio entre la regulación y la innovación para garantizar que la IA se desarrolle de manera responsable y segura.

En resumen, la regulación de la inteligencia artificial es un tema importante y en evolución que requiere una atención cuidadosa de los legisladores, las empresas y los ciudadanos para garantizar que la IA se desarrolle y use de manera responsable y ética.

CAPITULO 11

La inteligencia artificial y la toma de decisiones

La inteligencia artificial (IA) ha avanzado a tal grado que actualmente se utiliza para la toma de decisiones en diversos campos. La IA puede ser programada para analizar grandes cantidades de datos y proporcionar recomendaciones en cuestión de segundos. Sin embargo, esto plantea importantes preguntas sobre la ética y el impacto de la IA en la toma de decisiones.

Una de las principales ventajas de la IA en la toma de decisiones es su capacidad para analizar grandes cantidades de datos y proporcionar recomendaciones precisas y objetivas. En campos como la medicina, la IA puede analizar grandes cantidades de datos para ayudar a los médicos a diagnosticar enfermedades y decidir el mejor tratamiento. En los negocios, la IA se utiliza para tomar decisiones de inversión y estrategias de mercado, lo que puede mejorar la rentabilidad y el rendimiento.

Sin embargo, la IA también plantea preocupaciones importantes sobre la imparcialidad y la privacidad. Por ejemplo, si la IA se basa en datos históricos, puede perpetuar la discriminación y el sesgo existente en la sociedad. También puede haber preocupaciones sobre la privacidad de los datos, ya que la IA puede recopilar y analizar grandes cantidades de información personal sin el consentimiento de los usuarios.

Además, la IA también puede presentar desafíos para la responsabilidad y la rendición de cuentas en la toma de decisiones. A menudo, la IA se basa en algoritmos complejos que pueden ser difíciles de entender, lo que puede dificultar la identificación de errores o sesgos. Esto puede llevar a decisiones equivocadas o injustas sin que haya una forma clara de responsabilizar a la IA o a los desarrolladores.

En respuesta a estas preocupaciones, algunos han propuesto el desarrollo de marcos éticos y regulaciones para el uso de la IA en la toma de decisiones. Estos marcos pueden incluir aspectos como la transparencia y la responsabilidad en la toma de decisiones, así como la privacidad y la seguridad de los datos. También puede haber un mayor enfoque en la educación y la comprensión de cómo funciona la IA para que las personas puedan tomar decisiones más informadas y responsables.

En resumen, la inteligencia artificial y la toma de decisiones es un tema complejo y en evolución que requiere una atención cuidadosa de los desarrolladores, los usuarios y los reguladores para garantizar que la IA se use de manera responsable y ética.

CAPITULO 12

La inteligencia artificial y la seguridad cibernética

La inteligencia artificial (IA) tiene el potencial de transformar la seguridad cibernética al permitir una respuesta más rápida y eficaz a las amenazas. La IA puede analizar grandes cantidades de datos en tiempo real para detectar patrones y anomalías que indiquen una posible violación de seguridad, y puede tomar medidas para mitigar los riesgos.

Sin embargo, también hay preocupaciones sobre cómo la IA puede ser utilizada por los delincuentes informáticos para llevar a cabo ataques más sofisticados. Por ejemplo, los atacantes pueden utilizar la IA para identificar vulnerabilidades y desarrollar ataques personalizados que son más difíciles de detectar y mitigar. La IA también puede ser utilizada para engañar a los sistemas de seguridad al imitar el comportamiento humano.

Otro desafío es la falta de transparencia en los algoritmos de IA utilizados en la seguridad cibernética. Si los algoritmos no son transparentes, puede ser difícil para los expertos en seguridad evaluar cómo se están tomando las decisiones y si hay sesgos o errores en el proceso. También puede haber preocupaciones sobre la privacidad de los datos utilizados por la IA en la seguridad cibernética.

Para abordar estos desafíos, se están desarrollando técnicas de IA más avanzadas para la detección y mitigación de amenazas de seguridad cibernética, así como para la evaluación de la transparencia y la ética de los algoritmos de IA. También se están desarrollando marcos de seguridad cibernética que incorporen principios de transparencia, responsabilidad y privacidad en el diseño y la implementación de sistemas de IA.

Además, se están explorando nuevos enfoques para el uso de la IA en la seguridad cibernética, como el uso de la IA para predecir y prevenir ataques antes de que ocurran. Esto puede requerir una mayor colaboración y coordinación entre los expertos en seguridad cibernética y los desarrolladores de IA.

En resumen, la inteligencia artificial y la seguridad cibernética es un área de rápido crecimiento que presenta oportunidades y desafíos importantes. A medida que la IA se utiliza cada vez más en la seguridad cibernética, es importante tener en cuenta la transparencia, la responsabilidad y la privacidad en el diseño y la implementación de sistemas de IA para garantizar que se utilicen de manera responsable y ética.

CAPITULO 13

La inteligencia artificial y la igualdad

La inteligencia artificial (IA) tiene el potencial de mejorar la igualdad al permitir un acceso más equitativo a los recursos y servicios. La IA puede ser utilizada para identificar y reducir la discriminación en el empleo, la vivienda y otros sectores. También puede ayudar a garantizar que las decisiones se tomen de manera justa y equitativa.

Sin embargo, también hay preocupaciones sobre cómo la IA puede perpetuar la desigualdad y la discriminación. Si los algoritmos de IA se entrenan con datos sesgados o incompletos, pueden replicar y ampliar los prejuicios existentes. Además, si la IA se utiliza para tomar decisiones importantes sin la supervisión humana adecuada, puede perpetuar la desigualdad al perpetuar los sesgos.

Otro desafío es la falta de diversidad en la industria de la IA. Si los desarrolladores de IA son predominantemente hombres blancos, es menos probable que desarrollen soluciones que sean sensibles a las necesidades y perspectivas de las personas de diferentes orígenes y experiencias. Esto puede perpetuar la desigualdad y la discriminación.

Para abordar estos desafíos, se están desarrollando técnicas de IA más avanzadas para la identificación y reducción de sesgos. También se están estableciendo marcos de ética de la IA que incorporen principios de equidad y diversidad en el diseño y la implementación de sistemas de IA. Además, se están fomentando iniciativas para aumentar la diversidad en la industria de la IA, incluyendo programas de capacitación y mentoría para personas subrepresentadas.

En resumen, la inteligencia artificial y la igualdad es un área crítica de atención a medida que la IA se utiliza cada vez más en la toma de decisiones importantes en la sociedad. Es importante garantizar que la IA se desarrolle y se utilice de manera responsable y ética, teniendo en cuenta la equidad, la diversidad y la inclusión. Al hacerlo, la IA tiene el potencial de ser una fuerza positiva para la igualdad y la justicia en nuestra sociedad.

CAPITULO 14

La inteligencia artificial y la política

La inteligencia artificial (IA) está transformando muchos aspectos de nuestra vida, incluyendo el ámbito político. En este capítulo, exploraremos cómo la IA está impactando la política, incluyendo sus efectos en la participación ciudadana, el proceso electoral y la toma de decisiones políticas.

Participación ciudadana: La IA está transformando la forma en que los ciudadanos se involucran en la política. Las herramientas de IA pueden ayudar a los políticos y los partidos a identificar las preocupaciones de los votantes y adaptar sus mensajes para llegar a grupos específicos de votantes. Además, la IA también puede ayudar a los ciudadanos a involucrarse más en la política, proporcionando información en tiempo real sobre las posiciones de los candidatos y los temas importantes.

Proceso electoral: La IA también está transformando el proceso electoral. Los algoritmos de IA pueden ser utilizados para analizar grandes cantidades de datos sobre los votantes, como su historial de votación, afiliación política y hábitos de consumo, para crear perfiles detallados de los votantes. Estos perfiles pueden ser utilizados para crear anuncios políticos altamente personalizados y para identificar a los votantes indecisos y persuadirlos para que apoyen a un candidato.

Toma de decisiones políticas: Finalmente, la IA también está transformando la forma en que se toman las decisiones políticas. Los políticos pueden utilizar la IA para analizar grandes cantidades de datos y tomar decisiones basadas en evidencia. Por ejemplo, los gobiernos pueden utilizar la IA para identificar las áreas que necesitan más inversión y desarrollar políticas que aborden los problemas más urgentes de la sociedad. Sin embargo, también existen preocupaciones sobre cómo se están utilizando los datos y la IA, y cómo se pueden proteger los derechos de privacidad y la transparencia en la toma de decisiones políticas.

En resumen, la IA está transformando el ámbito político de muchas maneras, desde la participación ciudadana hasta el proceso electoral y la toma de decisiones políticas. Si bien la IA ofrece muchas oportunidades para mejorar la política, también plantea desafíos en términos de privacidad y transparencia. Es importante que se aborden estas cuestiones y se establezcan políticas claras para el uso de la IA en la política.

CAPITULO 15

La inteligencia artificial y la gestión de recursos humanos

La gestión de recursos humanos es un área en la que la inteligencia artificial (IA) está teniendo un impacto cada vez más significativo. En este capítulo, se explorará cómo la IA está cambiando la forma en que se manejan los recursos humanos, incluyendo:

Reclutamiento: La IA se utiliza cada vez más en los procesos de reclutamiento para seleccionar y filtrar candidatos. Los algoritmos de aprendizaje automático pueden analizar grandes cantidades de datos para identificar los rasgos y habilidades que se correlacionan con el éxito en un trabajo en particular, lo que ayuda a los reclutadores a identificar a los candidatos más adecuados.

Capacitación y desarrollo: La IA también se está utilizando para ayudar en la formación y el desarrollo de los empleados. Los programas de IA pueden personalizar la capacitación para cada empleado, adaptando el contenido y el ritmo de aprendizaje a sus necesidades individuales.

Evaluaciones de desempeño: Los algoritmos de IA pueden analizar datos de desempeño, como la productividad, la calidad del trabajo y la asistencia, para proporcionar una evaluación más precisa y justa del desempeño del empleado.

Gestión de horarios y turnos: La IA se puede utilizar para programar turnos y gestionar horarios para asegurarse de que haya suficientes empleados en cada momento del día. Los algoritmos de programación pueden tener en cuenta las habilidades y preferencias de los empleados, así como las necesidades operativas de la empresa.

Análisis de la cultura organizacional: La IA también se puede utilizar para analizar la cultura organizacional, evaluando la moral de los empleados, el compromiso y la satisfacción. Estos datos pueden utilizarse para identificar problemas y realizar mejoras en la cultura organizacional.

En general, la IA está transformando la forma en que se manejan los recursos humanos en las empresas, lo que plantea nuevos desafíos y oportunidades para los líderes empresariales.

CAPITULO 16

La inteligencia artificial y la justicia

La inteligencia artificial (IA) se ha convertido en una herramienta cada vez más utilizada en diversos ámbitos, incluyendo el sistema judicial. Los sistemas de IA pueden proporcionar información y análisis que ayuden a los tribunales y a los abogados a tomar decisiones más informadas y precisas. Sin embargo, también existen preocupaciones en torno al uso de la IA en el sistema judicial, especialmente en lo que respecta a la justicia y la equidad.

Por ejemplo, algunos sistemas de IA se utilizan para predecir el comportamiento delictivo de las personas y pueden utilizarse para determinar sentencias más largas o la necesidad de poner a una persona en libertad condicional. Sin embargo, estas predicciones pueden ser inexactas o sesgadas y resultar en decisiones injustas.

Otro problema surge en relación con la discriminación en el sistema judicial. Los sistemas de IA aprenden a partir de datos, lo que significa que, si los datos que se utilizan para entrenar al sistema son sesgados, el sistema también lo será. Esto puede resultar en discriminación en función de la raza, el género u otros factores.

Por lo tanto, es importante considerar cuidadosamente el uso de la IA en el sistema judicial y tomar medidas para garantizar que se utilice de manera justa y equitativa. Esto puede implicar la recopilación de datos más amplios y precisos, la revisión y auditoría de los sistemas de IA existentes y la formación de los jueces, abogados y otros profesionales en el uso de la IA. En última instancia, la justicia y la equidad deben ser los principales criterios para el uso de la IA en el sistema judicial.

CAPITULO 17

La inteligencia artificial y la cultura

La inteligencia artificial (IA) ha tenido un impacto significativo en la cultura en los últimos años. Desde la creación de música, arte y literatura hasta la producción de cine y televisión, la IA está siendo cada vez más utilizada en la industria cultural. Si bien la IA ofrece nuevas oportunidades y posibilidades para la creatividad y la expresión artística, también plantea preguntas y desafíos.

La IA y la Creación de Obras de Arte La IA está siendo utilizada cada vez más en la creación de obras de arte. Los artistas y programadores utilizan algoritmos de IA para crear pinturas, esculturas y otras formas de arte. Si bien esto ofrece nuevas oportunidades para la creatividad, algunos cuestionan si la IA puede realmente crear algo "nuevo" o si simplemente está replicando obras existentes. Además, algunos críticos cuestionan si la IA puede realmente comprender la emoción y la experiencia humana que a menudo se refleja en el arte.

La IA y la Industria de la Música La IA también está teniendo un impacto en la industria de la música. La IA se utiliza para componer y producir música, así como para recomendar y distribuir música a los oyentes. Si bien la IA puede mejorar la eficiencia y la accesibilidad de la industria de la música, algunos músicos y críticos se preocupan de que la IA esté disminuyendo la creatividad y la originalidad en la música.

La IA y la Literatura La IA también se está utilizando para generar textos literarios, como novelas y poesía. Los programas de IA pueden analizar grandes cantidades de datos para crear historias y tramas. Si bien esto puede ayudar a los autores a ser más productivos, algunos críticos cuestionan si la IA puede realmente crear obras literarias que reflejen la emoción y la experiencia humana.

La IA y la Producción de Cine y Televisión La IA también está siendo utilizada en la producción de cine y televisión. La IA se utiliza para generar y mejorar efectos especiales, editar películas y recomendar contenido a los espectadores. Si bien la IA puede mejorar la eficiencia y la calidad de la producción de cine y televisión, algunos cuestionan si la IA puede reemplazar a los directores y guionistas humanos.

En general, la IA está transformando la cultura de maneras tanto positivas como negativas. Es importante que se discutan y se aborden los desafíos y cuestiones éticas que surgen con el uso de la IA en la cultura, para asegurarnos de que la tecnología se utilice de manera responsable y equitativa.

CAPITULO 18

La inteligencia artificial y la psicología

La inteligencia artificial (IA) ha estado en la vanguardia de la tecnología y la innovación en los últimos años, y ha tenido un impacto significativo en la psicología y la salud mental. Desde el análisis de grandes cantidades de datos y el diagnóstico de trastornos mentales hasta la creación de terapias virtuales y chatbots de apoyo emocional, la IA está transformando la forma en que se aborda la salud mental.

Análisis de Datos y Diagnóstico La IA puede analizar grandes cantidades de datos y ayudar en el diagnóstico de trastornos mentales. Los algoritmos de IA pueden analizar patrones en los datos del paciente para identificar síntomas y posibles diagnósticos. Además, la IA puede ayudar en la identificación de patrones en los trastornos mentales y en la identificación de factores de riesgo.

Terapias Virtuales La IA también se está utilizando para crear terapias virtuales para trastornos mentales como la depresión y la ansiedad. Estas terapias virtuales pueden incluir programas de meditación y ejercicios de relajación, y pueden ser personalizadas para las necesidades individuales de cada paciente. Estas terapias virtuales pueden ayudar a las personas a acceder al tratamiento desde la comodidad de sus hogares y a un costo menor.

Chatbots de Apoyo Emocional Los chatbots de apoyo emocional son programas de IA que pueden simular conversaciones humanas y proporcionar apoyo emocional a las personas que experimentan problemas de salud mental. Estos chatbots pueden ofrecer consejos y sugerencias, proporcionar información y recursos de salud mental, y ayudar a las personas a comprender y controlar sus emociones. Si bien los chatbots de apoyo emocional no pueden reemplazar el apoyo emocional humano, pueden ser una herramienta útil para las personas que no tienen acceso al apoyo emocional tradicional.

En general, la IA está transformando la psicología y la salud mental en muchas formas, pero aún hay preocupaciones sobre la precisión de los diagnósticos y la seguridad y privacidad de los datos de los pacientes. Es importante abordar estos problemas y trabajar en colaboración con la IA para garantizar que se utilice de manera responsable y equitativa para mejorar la salud mental.

CAPITULO 19

La inteligencia artificial y la sostenibilidad

La inteligencia artificial (IA) está desempeñando un papel cada vez más importante en la promoción de la sostenibilidad y la lucha contra el cambio climático. La IA puede ayudar a abordar los desafíos ambientales al mejorar la eficiencia energética, reducir la huella de carbono y permitir la toma de decisiones informadas basadas en datos.

Eficiencia Energética La IA puede mejorar la eficiencia energética al optimizar el consumo de energía en edificios y procesos industriales. Los sistemas de control de edificios impulsados por la IA pueden monitorear y ajustar automáticamente la iluminación, la ventilación y la calefacción, reduciendo el consumo de energía. Además, la IA puede ayudar a optimizar la producción de energía a partir de fuentes renovables como la energía solar y la energía eólica.

Reducción de la Huella de Carbono La IA también puede ayudar a reducir la huella de carbono al optimizar la cadena de suministro y el transporte. Los algoritmos de IA pueden optimizar la planificación de rutas y la carga de camiones, reduciendo la cantidad de viajes necesarios y la emisión de gases de efecto invernadero. Además, la IA puede ayudar a mejorar la eficiencia de la producción al identificar oportunidades de reciclaje y reducir los residuos.

Toma de Decisiones Informadas La IA puede ayudar a los responsables de la toma de decisiones a tomar decisiones más informadas basadas en datos. Los modelos de predicción basados en la IA pueden ayudar a predecir el impacto de las políticas y los proyectos en el medio ambiente, permitiendo la toma de decisiones más informadas. Además, la IA puede ayudar a identificar áreas de riesgo ambiental y planificar estrategias de mitigación.

En resumen, la IA puede desempeñar un papel crucial en la promoción de la sostenibilidad y la lucha contra el cambio climático. A medida que la tecnología avanza, es importante trabajar en colaboración para garantizar que se utilice de manera responsable y equitativa para mejorar la sostenibilidad y proteger el medio ambiente para las generaciones futuras.

CAPITULO 20

La inteligencia artificial y la seguridad nacional

La inteligencia artificial (IA) se está convirtiendo rápidamente en una herramienta crítica para la seguridad nacional en todo el mundo. Desde la vigilancia y el monitoreo hasta la protección de infraestructuras críticas, la IA está transformando la forma en que los gobiernos abordan la seguridad.

Vigilancia y Monitoreo La IA se está utilizando ampliamente para la vigilancia y el monitoreo en todo el mundo. Los sistemas de IA pueden analizar grandes cantidades de datos de video y audio, lo que les permite detectar comportamientos sospechosos y alertar a las autoridades. Además, la IA puede ser utilizada para monitorear el tráfico en las fronteras, los puertos y los aeropuertos, lo que permite a los funcionarios identificar rápidamente cualquier actividad sospechosa.

Protección de Infraestructuras Críticas La IA también puede ser utilizada para proteger infraestructuras críticas como redes eléctricas, sistemas de transporte y sistemas financieros. Los sistemas de IA pueden monitorear constantemente estas redes y detectar cualquier actividad sospechosa, lo que permite a los operadores tomar medidas rápidas para proteger la infraestructura.

Análisis de Inteligencia La IA también puede ser utilizada para el análisis de inteligencia, lo que permite a los gobiernos recopilar y analizar grandes cantidades de datos para identificar amenazas potenciales. Los algoritmos de IA pueden analizar rápidamente grandes cantidades de datos de diversas fuentes, lo que permite a los analistas de inteligencia identificar patrones y tendencias que podrían no haber sido detectados de otra manera.

A pesar de las ventajas que ofrece la IA en la seguridad nacional, también hay preocupaciones en torno a la privacidad y la seguridad de los datos. La IA puede recopilar grandes cantidades de datos personales, lo que puede ser utilizado para la vigilancia y el monitoreo sin el consentimiento de las personas. Además, existe el riesgo de que los sistemas de IA sean pirateados o manipulados por actores malintencionados.

En resumen, la IA se está convirtiendo en una herramienta importante para la seguridad nacional en todo el mundo. Si se utiliza de manera responsable y con precaución, la IA puede mejorar significativamente la capacidad de los gobiernos para proteger a sus ciudadanos y asegurar la estabilidad y la seguridad a nivel nacional e internacional. Sin embargo, es importante abordar las preocupaciones de privacidad y seguridad que surgen al utilizar la IA en el contexto de la seguridad nacional.

CAPITULO 21

La inteligencia artificial y la ética empresarial

La inteligencia artificial (IA) se está convirtiendo rápidamente en una herramienta clave para las empresas en todo el mundo. Desde la toma de decisiones automatizada hasta la automatización de procesos, la IA puede mejorar significativamente la eficiencia y la rentabilidad de las empresas. Sin embargo, como con cualquier nueva tecnología, la IA plantea desafíos éticos y sociales que las empresas deben abordar.

La ética empresarial es un conjunto de principios y valores que rigen la conducta empresarial y su impacto en la sociedad. Las empresas deben considerar cómo la IA afecta la ética empresarial y cómo pueden utilizarla de manera responsable.

Transparencia y Responsabilidad Las empresas deben ser transparentes sobre cómo están utilizando la IA y qué datos están utilizando. Además, deben ser responsables de cualquier impacto negativo que la IA pueda tener en la sociedad. Por ejemplo, si un algoritmo de IA está sesgado o discrimina a ciertos grupos, las empresas deben ser responsables de abordar ese problema.

Protección de la Privacidad y los Datos Las empresas también deben asegurarse de que están protegiendo la privacidad y los datos de sus clientes y usuarios. La IA puede recopilar grandes cantidades de datos personales, lo que puede ser utilizado para tomar decisiones comerciales. Sin embargo, es importante que las empresas protejan esos datos y obtengan el consentimiento informado de las personas antes de recopilarlos.

Equidad y Diversidad La IA puede aumentar la eficiencia y la rentabilidad de las empresas, pero también puede exacerbar las desigualdades sociales y económicas. Las empresas deben asegurarse de que la IA se utiliza de manera equitativa y no discrimina a ciertos grupos. Además, las empresas deben considerar la diversidad en la programación y el diseño de la IA para garantizar que no haya sesgos implícitos en los algoritmos.

Responsabilidad Social Corporativa La IA también puede afectar la responsabilidad social corporativa de una empresa. Las empresas deben considerar cómo la IA afecta a los trabajadores, los derechos humanos y el medio ambiente. Por ejemplo, si la IA se utiliza para automatizar procesos, las empresas deben considerar cómo esto afecta a los trabajadores y cómo pueden proporcionar capacitación y oportunidades de empleo para los trabajadores afectados.

En resumen, la IA ofrece muchas ventajas para las empresas, pero también plantea desafíos éticos y sociales que deben ser abordados. Las empresas deben considerar cómo la IA afecta la ética empresarial y cómo pueden utilizarla de manera responsable. Si se utiliza de manera responsable, la IA puede mejorar significativamente la eficiencia y la rentabilidad de las empresas, al mismo tiempo que se asegura de que se respeten los principios éticos y sociales.